탄수화물이 없어도
맛있어

탄수화물이 없어도 맛있어

김미주 지음

너무 쉬운 그림 요리책

팜파스

사실 저는 탄수화물을 아주 좋아해요.

밥, 면, 빵 등 끊으려야 끊을 수 없는 중독적인 맛을 가진 탄수화물 음식들은 너무나 매력적인 음식들이었어요. 그러던 어느 날, 탄수화물이 없으면 하루도 못 견디는 나 자신을 발견하고 혹시 '탄수화물 중독이 아닐까'라는 생각이 들어 조금씩 줄여보기로 결심했어요.

탄수화물은 단백질, 지방과 함께 3대 영양소로 꼽히는 주요 에너지원이기 때문에 무조건 탄수화물을 끊는 극단적인 식단은 건강에 무리가갈 수 있어요. 탄수화물을 너무 많이 섭취하면 혈당이 빠르게 올라가비만과 당뇨의 원인이 되고, 탄수화물을 섭취하지 않으면 세로토닌 분비를 감소시켜 짜증과 우울감을 생기게 해요. 그렇기 때문에 극단적인탄수화물 제한식보다는 건강을 위해 하루에 한 번 정도는 탄수화물을최대한 줄인 저탄수화물 요리로 끼니를 해결해보면 어떨까 하는 생각이 들었어요.

다이어트가 목적이 아닌, 건강한 몸을 위한 저탄수화물 식단이 목표였기 때문에 조금씩 천천히 탄수화물을 줄이기 시작했어요. 하지만 쌀과 밀가루가 없는 음식은 맛이 없었고, 요즘 유행하는 키토식(저탄수 고지방 식단)은 왠지 부담이 되어 실천하기 어려웠어요.
"탄수화물이 없어도 맛있게 먹을 수 있는 일상 요리는 없을까?"

그렇게 시작한 저탄수화물 일상 레시피 만들기!

탄수화물을 줄인다고 해서 밥, 면, 빵을 모두 포기할 필요는 없어요. 밥 대신 밥맛을 내주는 콜리플라워 라이스, 건강한 재료로 만든 페이크 누들, 밀가루 없이 만든 건강하고 맛있는 빵 등 탄수화물이 아니라도 충분히 맛있는 밥, 면, 빵을 즐기며 식사를 할 수 있어요.

쉽게 접할 수 있는 다양한 재료를 이용해, 탄수화물을 줄일 수 있는 간단한 레시피들. 그동안 만들어 먹었던 저탄수화물 레시피 중 가장 활용도가 높고 맛있는 요리들을 이 책에 담았어요.

맛있고 건강하게, 그리고 간편하게 만드는 저탄수화물 일상 요리를 그림으로 만나보세요!

contents

PART 1 든든한 저탄수화물
한식 요리

저 탄수화물 식단과
함께하면 좋은

—

데일리 스트레칭

Daily stretching

건강한 몸을 위해, 극단적으로 탄수화물을 제한하기보다는
조금씩 조금씩 탄수화물을 줄이고
간단한 스트레칭을 하면서 건강한 몸을 만들어보면 어떨까요?
탄수화물 없는 레시피와 함께하면 체중 감량은 물론 건강에도 도움이 돼요.

1.

2.

준비운동

⊘ 양손을 깍지 끼고 머리 위로 기지개 켜듯
쭉 뻗어준다.

어깨 스트레칭

⊘ 왼팔을 머리 뒤로 들어 올리고, 오른손으
로 팔꿈치를 잡아당긴다.
⊘ 반대쪽도 같은 방법으로 반복한다.

3.

허리 스트레칭

- ⊘ 앉은 자세에서 왼쪽 다리는 앞으로 쭉 펴고, 오른쪽 다리는 무릎을 굽혀 왼쪽 다리 뒤로 놓는다.
- ⊘ 왼쪽 팔꿈치를 오른쪽 무릎에 데고 상체를 오른쪽으로 틀어준다.
- ⊘ 반대쪽도 같은 방법으로 반복한다.

4.

골반 스트레칭

- ⊘ 앉은 자세에서 왼쪽 다리는 무릎을 접어 몸 앞쪽에 두고, 오른쪽 다리는 뒤로 발등까지 쭉 뻗어준다.
- ⊘ 호흡을 내쉬며 팔과 상체를 앞으로 숙여 10초 이상 유지한다.
- ⊘ 반대쪽도 같은 방법으로 반복한다.

5.

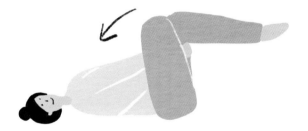

엉덩이 스트레칭

⊘ 바닥에 누워 왼쪽 다리를 오른쪽 다리 위에 꼬아준다.
⊘ 오른쪽 다리의 허벅지 뒤에 깍지를 끼고, 호흡을 내쉬며
  몸 쪽으로 천천히 당겨준다.
⊘ 반대쪽도 같은 방법으로 반복한다.

든든한 저탄수화물
한식 요리

라면에는 떡을, 떡볶이에는 면사리를, 후식으로는 볶음밥을 즐겨먹을 정도로 탄수화물을 사랑하는 한국인들은 평소 필요 이상으로 많은 탄수화물을 섭취하고 있어요. 탄수화물은 우리에게 꼭 필요한 영양소이지만 너무 많이 섭취하게 되면 비만과 당뇨 등 각종 질환을 일으키기도 해요. 그렇기 때문에 저탄수화물 식사는 건강을 위해서는 필수적이라고 할 수 있어요. 한국인의 주식인 밥과 떡을 대신해, 탄수화물을 줄이면서도 평소에도 맛있게 즐길 수 있는 일상 레시피들을 준비했어요. 맛있고 건강하게, 일상 속 든든한 저탄수화물 한식 요리를 즐겨보세요.

100g당 28kcal! 저칼로리 쌀 대용식 01

콜리플라워
라이스

탄수화물 식이조절을 시작할 때 가장 고민되는 부분은 바로 주
식인 쌀! 콜리플라워는 밥과 비슷한 식감과 색을 가진 데다 포만
감도 있어 밥 대용식으로 인기가 좋아요. 식이섬유가 많아 장 속
노폐물을 제거하기에도 좋고 볶음밥, 비빔밥, 주먹밥 등 다양하
게 사용할 수 있어 활용도가 아주 높아요.

Ingredients

 콜리플라워

 식초

SALT 소금

Recipe

1

콜리플라워는 두꺼운 줄기를 제
거하고 송이 부분만 자른 다음 식
초물(물+식초 2스푼)에 20분 동안
담가둔다.

2

소금물(물+소금 1스푼)에 살짝 데
친다.

3

데친 콜리플라워는 찬물에 헹군
다음 쌀보다 약간 큰 크기로 다
진다.

4

마른 팬에 다진 콜리플라워를 올
리고 수분이 완전히 날아갈 때까
지 약한 불에서 볶는다.

5

완성! 남은 콜리플라워 라이스는
소분하여 냉동실에 보관하고 먹
기 전 마른 팬에 볶아준다.

건강하고 맛있는 볶음밥

02

콜리플라워
김치볶음밥

콜리플라워 라이스로 만든 볶음밥은 만들기도 쉽고, 식감이 아주 예민한 분들도 맛있게 즐길 수 있어요. 콜리플라워 라이스를 사용해 칼로리와 탄수화물을 낮춘 건강하고 맛있는 볶음밥을 즐겨보세요.

Ingredients

 김치
(50g)

 베이컨 2줄

 양파 1/2개
(50g)

 대파 1/2개
(50g)

 달걀 1개

 소금

 콜리플라워 라이스
(200g)

 올리브유

Recipe

1

김치, 베이컨, 양파, 대파를 볶음
밥용으로 자른다.

2

달군 팬에 올리브유를 두르고, 대
파를 볶아 파 기름을 만든다.

3

파 향이 올라오기 시작하면 김치,
베이컨, 양파를 넣고 볶아준다.

4

채소가 익으면 콜리플라워 라이
스, 김치 국물 1스푼, 소금 약간을
넣고 센 불에서 볶아준다.

5

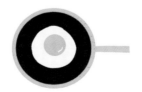

반숙 달걀 프라이를 준비한다.

6

김치볶음밥을 그릇에 담고, 달걀
프라이를 올려주면 완성!

눈이 즐거운 한 그릇 요리

아보카도
명란 덮밥

만들기는 간단하지만, 맛과 비주얼은 일품인 한 그릇 요리. 아보
카도는 건강한 지방과 섬유질을 지니고 있어 탄수화물 식이조절
을 할 때 부족한 영양소를 챙겨줄 수 있는 필수 과일이에요. 부
드러운 아보카도에 명란젓과 참기름으로 고소함을 더해 든든하
게 즐겨보세요.

Ingredients

 아보카도 1/2개

 명란젓 1개

 달걀 1개

 참기름

 마른 김

 콜리플라워 라이스
(200g)

Recipe

1

아보카도는 씨를 제거하고 과육
만 분리한 다음, 얇게 슬라이스해
둔다.

2

명란젓은 껍질을 벗겨준다.

3

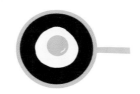

반숙 달걀 프라이를 만든다.

4

콜리플라워 라이스 위에 달걀 프
라이, 아보카도, 명란젓, 참기름
1/2스푼, 자른 김을 올려주면 완
성!

Tip.

아보카도는 반으로 가른 뒤, 칼로 씨를 찍어
서 좌우로 돌리면 씨를 쉽게 분리할 수 있다.

매일 먹어도 질리지 않아요

두부
강된장 쌈

두부로 포만감을 살리고, 채소를 듬뿍 넣어 끓인 강된장. 매일 먹어도 질리지 않고, 별다른 반찬이나 요리가 필요 없이 쌈만 있으면 맛있고 배부르게 즐길 수 있어요. 물을 많이 넣어 강된장 찌개로 끓여 먹어도 맛이 아주 좋아요.

Ingredients

 두부 한 모
(300g)

 애호박 1/4개
(60g)

 새송이버섯 1/2개
(50g)

 양파 1/2개
(50g)

 청양고추 1개

 다진 마늘

 올리브유

+ 양념장

 된장 3스푼

 고추장 1스푼

 고춧가루 1/2스푼

Recipe

1

키친타월을 이용해 두부의 수분을 가볍게 제거한 다음, 듬성듬성 잘라준다.

2

애호박, 새송이버섯, 양파는 한입 크기로 깍둑썰기하고, 청양고추는 송송 썰어준다.

3

달군 뚝배기에 올리브유를 두르고, 다진 마늘 1스푼을 넣고 볶아준다.

4

마늘 향이 올라오기 시작하면 준비한 채소와 양념장을 넣고 섞어가며 볶아준다.

5

양념이 끓기 시작하면 약불로 줄이고, 두부를 넣어 으깬 다음 자박해질 때까지 졸여준다.

6

완성! 다양한 쌈 채소를 곁들여 먹는다.

탱탱쫄깃 매력 식감

(05)

곤약
버섯 조림

칼로리는 낮고 포만감이 높은 데다 피부미용에도 도움을 주는
곤약. 곤약의 탱탱함과 버섯의 쫄깃함이 만난 식감이 매우 즐거
운 요리예요. 간장으로 짭조름하게 간을 하여 반찬, 간식, 안주
등으로 다양하게 즐길 수 있어요.

Ingredients

 곤약
(500g)

 새송이버섯 1개
(100g)

 식초

 참기름

+ 양념장

 간장 10스푼

 올리고당 3스푼

 굴소스 1스푼

 맛술 1스푼

Recipe

1

곤약과 새송이버섯은 큐브 모양
으로 깍둑썰기해준다.

2

끓는 물에 식초 2스푼과 곤약을
넣고 살짝 데쳐 특유의 향을 없앤
다음, 찬물에 씻어준다.

3

팬에 물 300ml, 조림 양념, 곤약,
버섯을 넣고 끓여준다.

4

국물이 끓기 시작하면 약한 불로
줄이고 졸여준다.

5

국물이 자작해지면 불을 끄고 참
기름 1/2스푼을 둘러주면 완성!

떡 없는 떡국

06

새송이버섯
떡국

새송이버섯의 흰 기둥 부분을 떡국 떡 모양으로 잘라 만든 페이크 떡국. 버섯의 쫄깃한 식감이 떡과 비슷해 맛도 모양도 완벽한, 떡 없는 떡국을 즐길 수 있어요. 시판용 사골 곰탕 육수를 이용해서 더 진하게 끓여도 좋아요.

Ingredients

 새송이버섯 2개
(200g)

 달걀 1개

 대파 1/2개
(50g)

 국물용 멸치 5마리

 다시마 2장

 국간장

 소금

 후추

Recipe

1

냄비에 국물용 멸치, 다시마, 물을 넣고 팔팔 끓여 육수를 만든다.

2

새송이버섯은 기둥과 갓 부분을 분리한 다음, 기둥을 떡국 떡 모양으로 잘라준다.

3

대파는 송송 썰고 새송이버섯의 갓 부분은 채 썰어 고명을 만든다.

4

달군 팬에 달걀물을 부어 얇게 부쳐 지단을 만든 뒤 가늘게 썰어준다.

5

멸치 다시마 육수에 떡 모양으로 썬 버섯, 대파, 국간장 2스푼을 넣고 끓이다 소금, 후추 약간을 넣어 간을 한다.

6

국물이 끓어오르면 그릇에 담고 준비한 고명을 올려주면 완성!

떡 없는 떡볶이

묵볶이

쫄깃하고 쫀득한 식감이 일품인 건조 도토리묵 묵말랭이. 탱글
탱글한 재미있는 식감 덕분에 떡볶이보다 훨씬 맛있는 묵볶이를
만들 수 있어요. 달콤한 양념에 탱글하고 꼬들한 맛까지 추가된
묵볶이로 탄수화물 걱정 없이 맛있고 건강하게 즐기세요.

Ingredients

 묵말랭이
(100g)

 양배추
(50g)

 달걀 1개

+ 양념장

 고추장 2스푼

 진간장 4스푼

 고춧가루 4스푼

 설탕 2.5스푼

Recipe

1

묵말랭이를 뜨거운 물에 1시간 이상 불린 다음 물기를 빼준다.

2

양배추는 심을 제거한 다음 채 썰고, 달걀은 완숙(끓는 물에 15분)으로 삶아준다.

3

냄비에 물 200ml와 양념장을 넣고 끓여준다.

4

국물이 끓기 시작하면 묵말랭이와 양배추를 넣고 중간 불로 졸여준다.

5

국물이 자작해지면 그릇에 담고, 삶은 달걀을 올려주면 완성!

피 없는 양배추 만두

두부
양배추롤

식이섬유가 풍부한 양배추는 위를 보호해주어 소화에 도움이 되는 채소예요. 두부 양배추롤은 밀가루 피 대신 양배추를 사용해서 부담스럽지 않은 데다 촉촉하고, 두부를 넣어 부드러운 속을 즐길 수 있어요. 비주얼도 아주 훌륭해서 하와이언 레시피나 〈심야식당〉 같은 요리 영화나 드라마에 자주 등장해요.

Ingredients

 양배추

 두부 반 모
(150g)

 돼지고기 다짐육
(150g)

 양파 1/4개
(25g)

 부추
(30g)

 간장

 다진 마늘

 소금

 후추

Recipe

1

양배추는 가운데 단단한 심지를 제거하고 큰 잎을 골라 떼낸다.

2

끓는 물에 소금 1/2스푼을 넣고 양배추를 2분 30초간 데친 후, 물기를 뺀다.

3

양파, 부추는 잘게 다지고 두부는 물기를 제거한 다음 칼로 으깨준다.

4

볼에 두부, 돼지고기, 양파, 부추, 간장 1스푼, 다진 마늘 1스푼, 소금, 후추 약간을 넣고 반죽한다.

Tip.

데친 부추를 이용해 가운데 부분을 묶어주면 모양을 예쁘게 잡을 수 있다.

5

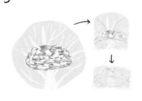

데친 양배추를 넓게 펼친 다음 만두소를 올리고 돌돌 말아 모양을 만들어준다.

6

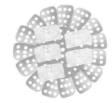

찜기에 10분간 쪄주면 완성!

PART 2

살찔 걱정 없는
페이크 누들 요리

탄수화물의 대표주자 면 요리. 밀가루 면은 소화가 잘되지 않고 다이어트에도 부담이 되어 건강을 위해서라면 꼭 줄여야 할 음식이에요. 밀가루 면 대신 건강한 재료들을 이용해 만든 페이크 누들은 면의 식감은 살리면서도, 진짜 면보다 더 맛있고 다양한 맛을 즐길 수 있어 누구나 부담 없이 맛있게 먹을 수 있어요. 요즘은 마트나 인터넷에서도 두부 면이나 곤약 면 같은 다양한 대체 면을 쉽게 구할 수 있어 요리하기에도 어렵지 않아요. 칼로리가 낮고 포만감이 높은 건강하고 맛있는 페이크 누들 요리를 즐겨보세요.

색다르게 즐기는 까르보나라

애호박
까르보나라

치즈와 달걀을 이용해 만든 정통 까르보나라 소스에 면처럼 길게 자른 애호박을 넣어 만든 애호박 면 요리. 애호박에 열을 가하면 단맛이 극대화되고, 정통 까르보나라 소스와 맛이 잘 어우러져요. 그리고 예쁜 색이 포인트가 되어 눈과 입을 동시에 즐겁게 해준답니다.

Ingredients

 애호박 2개
(480g)

 베이컨 2줄

 달걀 2개

 마늘 2알

 파마산 치즈
(50g)

 올리브유

Recipe

1

애호박은 채칼 또는 스파이럴라이저를 이용해 면처럼 길고 가늘게 슬라이스해준다.

2

마늘은 편 썰고, 베이컨은 한입 크기로 잘라준다.

3

달걀을 곱게 풀어준 다음, 파마산 치즈를 넣고 꾸덕해질 때까지 섞어준다.

4

달군 팬에 올리브유와 마늘을 넣고 볶다가 마늘 향이 나기 시작하면 베이컨과 애호박 면을 넣어준다.

5

애호박 면이 반쯤 익으면 불을 끄고, 3번의 달걀 치즈물을 넣어 잔열을 이용해 익혀준다.

6

완성! 취향에 맞게 파마산치즈의 양을 조절해서 먹는다.

얼큰 해장 파스타

팽이버섯
파스타

페퍼론치노를 넣어 얼큰한 맛이 일품인 토마토 파스타. 팽이버섯의 쫄깃한 식감이 면과 비슷하고 시판용 토마토소스를 이용해 토마토 파스타가 당길 때 간단하게 만들어 즐겨보세요. 누구나 쉽게 만들 수 있는 딱 기본에 충실한 파스타예요.

Ingredients

 팽이버섯 1개

 냉동 새우 5개

 양파 1/2개
(50g)

 마늘 2알

 페퍼론치노 7개

 스파게티 소스

 올리브유

Recipe

1

냉동 새우는 10분간 물에 담가 해동한 후, 체에 밭쳐 물기를 빼 준다.

2

마늘은 편 썰고, 양파는 채 썰고, 팽이버섯은 가닥가닥 손으로 찢어 놓는다.

3

달군 팬에 올리브유를 두르고 편 마늘과 양파를 넣고 볶아준다.

4

마늘 향이 올라오기 시작하면 페퍼론치노를 손으로 부셔 넣고 새우를 같이 볶아준다.

5

새우가 익으면 팽이버섯과 스파게티 소스를 넣고 함께 볶아준다.

6

완성! 매운맛이 싫다면 페퍼론치노의 양을 조절한다.

특별한 날 메인 요리

아스파라거스
오일 파스타

독특한 향과 고운 빛깔을 지닌 아스파라거스로 만든 특별한 날
먹기 좋은 고급스러운 오일 파스타. 아스파라거스 고유의 풍미
와 아삭한 식감, 짭조름한 베이컨, 알싸한 페퍼론치노가 잘 어우
러져 고급스러운 맛이 나요.

Ingredients

 아스파라거스 10개

 베이컨 2줄

 마늘 10알

 페퍼론치노 3개

 올리브유

 소금

Recipe

1

아스파라거스는 채칼을 이용해 면 처럼 길고 얇게 슬라이스해준다.

2

마늘은 편 썰고, 베이컨은 한입 크기로 잘라준다.

3

달군 팬에 올리브유를 두르고 편 마늘을 넣고 볶아준다.

4

마늘 향이 올라오기 시작하면 페 퍼론치노를 손으로 부셔 넣고 베 이컨을 같이 구워준다.

5

베이컨이 익으면, 아스파라거스 면과 소금 약간을 넣고 볶아준다.

6

아스파라거스가 잘 익으면 완성!

고소한 맛의 이색 파스타

우엉 들깨
파스타

씹는 맛이 매력적인 우엉에 들깨 가루와 우유를 넣어 부드럽게
만든 우엉 들깨 파스타. 우엉의 아삭한 식감과 부드럽고 고소한
들깨 우유 소스가 잘 어우러져 느끼하지 않고 고소한 맛이 나요.
들깨 가루를 더 추가해서 찐득하게 즐길 수 있어요.

Ingredients

 우엉
(150g)

 느타리버섯
(70g)

 양파 1/4개
(25g)

 마늘 3알

 들깨 가루

 우유
(200ml)

 들기름

 식초

 소금

Recipe

1

우엉은 껍질을 벗긴 다음, 채칼을 이용해 면처럼 길고 얇게 슬라이스해준다.

2

찬물에 우엉 면과 식초 1스푼을 넣고 10분 정도 담가 아린 맛을 없앤 다음, 물기를 빼준다.

3

마늘은 편 썰고, 양파는 채 썰고, 느타리버섯은 밑동을 제거하고 결대로 찢어준다.

4

달군 팬에 들기름과 마늘을 넣고 볶다가 마늘 향이 나기 시작하면 우엉 면, 버섯, 양파를 넣고 볶아준다.

5

우엉 면이 부드러워지면 들깨 가루 3스푼, 우유, 소금 약간을 넣고 걸쭉해질 때까지 볶아준다.

6

완성! 취향에 따라 들깨 가루의 양을 조절해준다.

가볍게 즐기는 태국식 샐러드

곤약
얌운센

매운맛, 신맛, 단맛, 짠맛이 고루 어우러지는 태국식 당면 샐러
드 얌운센. 당면 대신 실곤약을 넣어 만들어보았어요. 알록달록
한 색감에 풍부한 맛으로 눈과 입이 즐거운 요리예요. 덥거나 입
맛이 없는 날 상큼하게 먹기 좋아요.

Ingredients

 실곤약
(200g)

 새우 5개

 방울토마토 2알

 깻잎 5장

 양파 1/4개
(25g)

 레몬즙

+ 소스

 피시소스 1스푼

 칠리소스 2스푼

 설탕 2스푼

 다진 마늘 0.5스푼

Recipe

1

실곤약은 끓는 물에 2분간 데친 다음, 찬물에 헹궈 물기를 빼준다.

2

새우는 끓는 물에 삶아 완전히 익힌 다음, 찬물에 헹궈준다.

3

깻잎과 양파는 채 썰고, 방울토마토는 4등분으로 잘라준다.

4

그릇에 실곤약, 새우, 방울토마토, 깻잎, 양파, 소스, 레몬즙 약간을 넣고 버무려준다.

5

완성! 취향에 따라 고수나 땅콩가루를 곁들여 먹는다.

라면 대신 곤약

06

곤약
라볶이

끊기 어려운 중독적인 라면 대신 곤약 면을 이용해 만든 곤약 라볶이. 식이조절 중에도 분식을 끊을 수 없는 분식 러버들에게 추천하는 부담 없는 단짠 간식이에요. 라면 대신 곤약 면을 사용해 칼로리는 줄이고, 매콤달콤한 라볶이 양념을 사용해 맛은 그대로 즐길 수 있어요.

Ingredients

 실곤약
(200g)

 메추리알

 대파 1/2개
(50g)

+ 양념장

 고추장 1스푼

 간장 1.5스푼

 설탕 1.5스푼

고춧가루 1스푼

Recipe

1

실곤약은 끓는 물에 2분간 데치고 메추리알은 삶은 (끓는 물에 5분) 다음 껍질을 벗겨준다.

2

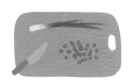

대파는 송송 썰어준다.

3

물 1/2컵과 양념장을 넣고 끓이다 국물이 자작해지면 곤약 면을 넣고 끓여준다.

4

완성! 삶은 메추리알과 송송 썬 대파를 올려 먹는다.

실패 없는 매콤달콤 양념장

곤약
쫄면

07

여름이면 꼭 찾게 되는 분식 단골 메뉴 쫄면. 절대 실패 없는 매
콤달콤 양념장과 가벼운 곤약 면을 이용해 부담 없이 즐겨보세
요. 부드럽고 쫄깃한 곤약 면과 아삭한 콩나물의 식감이 잘 어울
려요. 다양한 채소를 이용해 입맛에 맞게 즐겨보세요.

Ingredients

 실곤약
(200g)

 콩나물
(80g)

 오이
(20g)

 당근
(20g)

 양배추
(30g)

+ 양념장

 고추장 1.5스푼

 간장 0.5스푼

 올리고당 1스푼

 식초 1스푼

 고춧가루 0.5스푼

 설탕 1스푼

 참기름 0.5스푼

 통깨 약간

Recipe

1

끓는 물에 콩나물을 2분 30초간 데친 후, 찬물에 헹궈 물기를 빼준다.

2

실곤약은 끓는 물에 2분간 데친 다음 찬물에 헹궈 물기를 빼준다.

3

오이, 당근, 양배추는 가늘게 채 썰어준다.

4

완성! 그릇에 모든 재료와 양념장을 올린 다음 섞어 먹는다.

한식이 고픈 날!

08

우엉
잡채

우엉의 아삭한 식감과 달콤 짭짤한 잡채 양념의 만남! 아삭한 식
감이 채소들과 잘 어우러져 색다른 잡채 요리를 즐길 수 있어요.
단품 요리로도, 반찬으로도 먹을 수 있어 활용도가 높은 한식 페
이크 면 요리입니다.

Ingredients

 우엉
(130g)

 느타리버섯
(70g)

 당근
(15g)

 양파 1/4개
(25g)

 오이고추 1개

 식초

 참기름

+ 간장 양념

 간장 3스푼

 올리고당 1스푼

 맛술 1스푼

 물 2스푼

 설탕 1스푼

 통깨 1스푼

 후추 약간

Recipe

1

우엉은 껍질을 벗긴 다음, 채칼을 이용해 면처럼 길고 얇게 슬라이스해준다.

2

찬물에 우엉 면과 식초 1스푼을 넣고 10분 정도 담가 아린 맛을 없앤 다음, 물기를 빼준다.

3

느타리버섯은 밑동을 제거하고 결대로 찢어준다. 당근, 양파, 오이고추는 채 썰어준다.

4

달군 팬에 식용유를 두르고 중불에서 우엉을 볶아준다.

5

우엉이 반쯤 익으면 간장 양념과 버섯, 당근, 양파, 오이고추를 넣고 볶아준다.

6

채소가 익으면 불을 끄고 참기름 1스푼을 둘러주면 완성!

일본식 볶음면 요리

09

두부
야끼소바

일본 어디서나 먹을 수 있는 대중적인 볶음면 요리 야끼소바를
두부 면을 이용해 만들었어요. 고소한 두부 특유의 맛과 부드러
운 식감이 일품인 두부 면에 중독적인 짭짤한 야끼소바 소스가
잘 어우러져 건강하고 맛있는 한 끼 식사가 가능해요.

Ingredients

 두부 면
(200g)

 베이컨 2줄

 양배추
(60g)

 양파 1/4개
(25g)

 대파 1/2개
(50g)

 달걀 1개

 다진 마늘

 올리브유

+ 소스

 우스타소스 3스푼

 굴소스 1.5스푼

 케첩 2스푼

 설탕 1스푼

Recipe

1

베이컨은 한입 크기로 자르고, 양
배추, 양파, 대파는 채 썰어준다.

2

달군 팬에 올리브유를 두르고 다
진 마늘 1스푼과 베이컨을 넣고
볶아준다.

3

베이컨이 반쯤 익으면 양배추, 양
파, 대파를 넣고 볶아준다.

4

양파가 투명해지기 시작하면 두
부 면과 소스를 넣고 빠르게 볶아
준다.

5

그릇에 두부 야끼소바와 반숙 달
걀 프라이를 올린다.

6

완성! 취향에 따라 마요네즈나 가
쓰오부시를 곁들여 먹는다.

두부 면으로 만드는 이색 짜장면

10

두부
짜장면

자극적인 맛이 당길 때 좋은 중국 음식 두부 짜장면. 먹을 때는
맛있지만 소화가 잘 안 되는 단점이 있는 짜장면을 두부 면을 이
용해 부담스럽지 않게 만들어보았어요. 담백하고 고소한 두부
면과 짜장 소스가 잘 어울려 한 끼 식사나 간식으로도 매우 좋은
요리예요.

Ingredients

 두부 면
(80g)

 소고기 다짐육
(100g)

 양파 1/4개
(25g)

 대파 1/4개
(25g)

 춘장

 다진 마늘

 올리브유

Recipe

1

두부 면은 끓는 물에 3분 동안 데친 다음 물기를 빼준다.

2

달군 팬에 올리브유를 두르고 춘장 2스푼을 넣어 튀기듯이 볶은 다음, 그릇에 덜어 둔다.

3

대파는 송송 썰고, 양파는 한입 크기로 잘라준다.

4

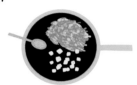

달군 팬에 올리브유를 두르고 대파, 다진 마늘 1스푼, 소고기 다짐육, 양파를 넣고 볶아준다.

5

고기가 익으면 볶은 춘장을 넣고 물 500ml를 나누어 넣어가며 농도를 조절해준다.

6

그릇에 두부 면을 담고 짜장 소스를 올려주면 완성!

PART 3

식단 조절
저탄수화물 도시락

외출 시 저탄수화물 식단을 지키기 어려운 사람들을 위해 준비한 저탄수화물 도시락 레시피. 요리를 즐기지 않는 사람들도 손쉽게 만들 수 있도록 간단하고, 탄수화물 식이조절을 하지 않는 사람들도 평소에 맛있게 챙겨 먹을 수 있는 레시피들로 준비했어요. 배불리 먹어도 부담스럽지 않고 든든하게, 만들기 쉽지만 맛있게! 요리 초보도 만들 수 있는 착한 레시피를 만나보세요.

밥 없는 김밥

키토
김밥

진짜 김밥보다 더 맛있는 색다른 김밥! 밥 대신 달걀과 채소를 가
득 넣어 돌돌 만 키토 김밥은 알록달록한 색감이 보기에도 예쁘
고, 밥 대신 채소가 잔뜩 들어 있어 건강한 탄수화물 식이조절의
대표 요리예요. 좋아하는 재료를 넣어 입맛에 맞게 즐겨보세요.

Ingredients

 김밥 김

 게맛살

 달걀 3개

 파프리카 1/2개 (50g)

 깻잎 15장

 소금

Recipe

1

파프리카와 깻잎은 채 썰어준다.

2

달걀은 고루 풀어 소금을 약간 섞어준다.

3

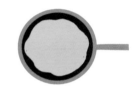

달군 팬에 식용유를 두르고 달걀물을 부은 뒤 얇게 지단을 부쳐준다.

4

한 김 식힌 지단은 가늘게 채 썰어준다.

5

김밥 김 위에 지단 채를 수북이 올리고, 준비한 재료를 모두 올린 다음 꼭꼭 누르며 말아준다.

6

한입 크기로 잘라주면 완성! 김밥을 말 때 김이 맞닿는 부분에 물을 살짝 묻혀주면 잘 붙는다.

누구나 만들 수 있는 초간단 주먹밥 　　　　　　　　　　　　　　(02)

콜리플라워
주먹밥

참치캔이 들어가 별다른 간을 해줄 필요 없어 요리 초보도 뚝딱 만들 수 있는 초간단 요리! 콜리플라워 라이스를 이용해 만든 한 입 크기의 귀여운 주먹밥이에요. 취향에 맞게 좋아하는 재료를 넣어 나만의 주먹밥을 만들어보세요.

Ingredients

 콜리플라워 라이스
(200g)

 참치
(100g)

 파프리카 1/4개
(25g)

 단무지
(20g)

Recipe

1

참치는 체에 밭쳐 기름을 빼준다.

2

파프리카, 단무지는 잘게 다져준다.

3

콜리플라워 라이스에 참치, 파프
리카, 단무지를 넣고 섞어준다.

4

한입 크기로 꼭꼭 눌러 동글동글
하게 만들면 완성!

든든한 한 끼 도시락

03

닭가슴살
두부초밥

시판용 유부초밥 키트를 이용해 후다닥 만들 수 있는 간단 요리.
유부초밥 키트의 초밥 소스에 간이 잘 되어 있어 손쉽게 만들 수
있어요. 훈제 닭가슴살이 들어가 든든하고, 두부가 들어가 소화
에도 좋아요.

Ingredients

 유부초밥 키트
(2인분)

 훈제 닭가슴살
(100g)

 두부 한 모
(300g)

 단무지
(50g)

Recipe

1

훈제 닭가슴살을 전자레인지나 팬을 이용해 완전히 익혀준 다음, 단무지와 함께 잘게 다져준다.

2

키친타월을 이용해 두부의 수분을 가볍게 제거한 다음, 숟가락으로 곱게 으깬다.

3

마른 팬에 으깬 두부의 수분이 완전히 날아갈 때까지 볶아준다.

4

두부가 고슬고슬해지면 닭가슴살, 단무지, 초밥 소스를 넣고 섞어 속재료를 만들어준다.

5

유부피 안에 속재료를 넣고 모양을 잡아주면 완성!

담백한 웰빙 요리

두부
케일 쌈

영양분이 풍부하고 항산화 성분이 있는 슈퍼푸드 중 하나인 케일. 케일을 데쳐 억센 맛을 없애고 부드럽게 만들어주세요. 그리고 들기름에 구운 고소한 두부를 곁들여 영양만점 건강한 웰빙한 끼를 즐겨보세요.

Ingredients

 두부 한 모
(300g)

 케일

 들기름

 쌈장

 소금

Recipe

1

키친타월을 이용해 두부의 수분을 가볍게 제거한 다음, 한입 크기로 잘라준다.

2

달군 팬에 들기름을 두르고, 두부가 단단해질 때까지 앞뒤로 노릇노릇 구워준다.

3

케일은 끓는 물에 소금 약간을 넣고 30초간 데친 다음, 물기를 빼준다.

4

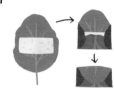

케일 위에 구운 두부를 올리고 말아준다.

5

쌈장을 올려주면 완성!

눈과 입이 즐거운 간단 요리

05

새송이
샌드

새송이버섯을 얇게 슬라이스한 다음 각각의 재료들을 샌드해 한 입에 즐길 수 있는 예쁜 핑거푸드로 만들어보았어요. 비주얼이 훌륭해 예쁜 도시락을 싸거나, 홈파티용으로도 좋은 요리예요. 베이컨 대신 햄이나 소고기를 이용해도 맛있게 즐길 수 있어요.

Ingredients

 새송이버섯 1/2개
(50g)

 베이컨 2줄

 슬라이스 치즈

 달걀 1개

 깻잎

 쪽파

Recipe

1

새송이버섯은 얇게 슬라이스해
주고, 깻잎은 반으로 잘라준다.

2

달걀은 고루 풀어준다.

3

새송이버섯에 달걀물을 입혀 앞
뒤로 살짝 구워준다.

4

베이컨은 노릇하게 구워준 다음,
버섯과 같은 크기로 잘라준다.

5

끓는 물에 쪽파의 줄기 부분만 살
짝 데쳐준다.

6

새송이버섯-깻잎-베이컨-치즈-
새송이버섯 순으로 얹은 다음 데
친 쪽파 줄기로 묶어주면 완성!

빵 없는 샌드위치

언위치
버거

빵을 넣지 않았는데도 불구하고 햄버거 맛이 나는 언위치 버거.
어떤 재료를 넣어주느냐에 따라 다양한 맛을 즐길 수 있고, 알록
달록 예쁜 단면을 보는 재미가 있는 샌드위치예요. 빵이 들어가
지 않아 건강하고, 채소가 듬뿍 들어가 신선하고 맛있게 즐길 수
있어요.

Ingredients

 닭가슴살 스테이크
(100g)

 토마토 1/2개
(70g)

 파프리카 1/2개
(50g)

 상추 8장

 달걀 1개

 홀그레인 머스타드

Recipe

1

닭가슴살 스테이크는 전자레인
지 또는 팬을 이용해 구워준다.

2

토마토는 통으로 슬라이스하고,
파프리카는 채 썰어준다.

3

완숙 달걀 프라이를 만들어준다.

4

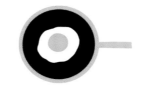

랩을 넓게 깔고 상추를 올린 다
음, 홀그레인머스타드 소스를 얇
게 발라준다.

5

준비한 재료를 모두 올린 다음,
마지막에 상추로 다시 한번 덮고
랩으로 꼭꼭 눌러서 싸준다.

6

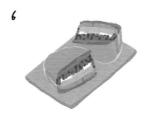

먹기 좋게 반으로 잘라주면 완성!
밀착력이 좋은 랩을 사용하면 모
양 잡기가 더 편하다.

한입에 쏙!

07

포두부
닭가슴살롤

토르티야 대신 포두부를 이용해 돌돌 말아 만든 닭가슴살 롤. 포
두부는 중국에서 즐겨먹는 얇은 건두부인데 마트나 인터넷에서
손쉽게 구할 수 있어요. 칼로리가 적고 포만감도 좋은 데다 포두
부 특유의 고소하고 담백한 맛이 일품이어서 다양한 요리에 활
용하기 좋아요.

Ingredients

 포두부

 닭가슴살
(100g)

 게맛살

 파프리카 1/2개
(50g)

 당근
(30g)

 깻잎

+ 소스

 간장 0.5스푼

 식초 1.5스푼

 설탕 1스푼

연겨자 약간

Recipe

1

끓는 물에 닭가슴살을 넣고 15분 간 삶은 뒤 결대로 찢어준다.

2

포두부는 끓는 물에 살짝 데친 다음 물기를 빼 준비해둔다.

3

포두부 길이에 맞춰 파프리카, 당근은 채 썰고 게맛살은 반으로 갈라준다.

4

포두부 위에 모든 재료를 올리고 돌돌 말아준다.

5

먹기 좋은 크기로 잘라주면 완성!
연겨자 소스에 찍어먹는다.

PART 4

싱그럽게 즐기는
다이어트 샐러드

쉽게 구할 수 있는 재료로 따라 하기 쉬운 다양한 나라의 이색 샐러드 레시피! 과일부터 해산물까지 다양한 재료를 이용해 지루하지 않게 매일 다른 샐러드 요리를 즐길 수 있어요. 상큼한 맛으로 입맛을 돋우어줘 에피타이저로 먹어도 좋아요. 다양한 재료와 소스를 이용해 달콤 상큼 다채로운 맛을 즐겨보세요.

새콤달콤 에피타이저

(01)

방울토마토
마리네이드

달콤하고 부드러운 토마토 과육의 새콤달콤한 맛만 즐길 수 있
는 차가운 토마토 샐러드. 토마토의 붉은빛과 상큼한 맛이 입맛
을 돋우어주어 에피타이저로 추천합니다. 오래 두고 먹을 수 있
으니, 냉장고에 넣어두고 차갑게 즐기세요.

Ingredients

 방울토마토
(600g)

 바질 가루

+ 소스

 레몬즙 2스푼

 발사믹소스 1큰술

 올리브유 3스푼

 설탕 1/2스푼

 소금 약간

Recipe

1

방울토마토의 꼭지를 떼고 십자
모양으로 칼집을 내준다.

2

끓는 물에 방울토마토를 살짝 데
친 다음, 찬물에 헹궈준다.

3

방울토마토의 껍질을 벗긴다.

4

볼에 방울토마토, 소스, 바질 가
루 약간을 넣고 섞어준다.

5

완성! 냉장고에 넣었다가 차갑게
먹는다.

상큼한 이탈리아 요리

연어
카르파초

색다르게 연어회를 즐기고 싶은 날 먹기 좋은 상큼한 샐러드. 이
탈리아 정통 요리인 카르파초는 원래는 얇게 슬라이스한 생소고
기 위에 레몬소스를 뿌려 먹는 요리지만, 요즘은 해산물을 이용
해 만든 카르파초가 인기예요. 상큼한 레몬즙이 들어간 소스가
연어와 잘 어우러져 깔끔하고 상쾌한 맛을 즐길 수 있어요.

Ingredients

 생연어
(80g)

 레몬
(5g)

 양파
(5g)

 새싹채소
(5g)

+ 소스

 레몬즙 1스푼

 올리브유 2스푼

 다진 마늘 1스푼

 소금 약간

 후추 약간

Recipe

1

소스는 미리 만들어 차가워지도록 냉장고에 보관해준다.

2

연어는 한입 크기로 슬라이스해 준다.

3

레몬은 한입 크기로 얇게 슬라이스하고, 양파는 채 썰어준다.

4

그릇에 연어, 레몬, 양파, 새싹채소를 올리고 소스를 뿌려주면 완성!

중남미의 독특한 해산물 샐러드

관자
세비체

세비체는 레몬즙에 재운 해산물을 차갑게 먹는 중남미의 대표적인 샐러드 요리예요. 처음 현지에서 이 요리를 접했을 때 새콤한 맛이 이국적으로 느껴졌지만, 왠지 자꾸 먹고 싶은 중독적인 맛을 가진 요리예요. 칵테일이나 와인에 페어링했을 때 특히 매력적이에요.

Ingredients

관자
(100g)

오렌지 1/4개
(25g)

방울토마토 2개

+ 소스

레몬즙 3스푼

올리브유 1스푼

다진 양파 10g

소금 약간

후추 약간

Recipe

1

관자는 포를 뜨듯 얇게 슬라이스
한 다음, 끓는 물에 10초 동안 데
쳐 물기를 빼준다.

2

그릇에 소스와 데친 관자를 담고
냉장고에 넣어 3시간 이상 숙성
시킨다.

3

오렌지는 껍질을 제거한 후 한입
크기로 자르고, 방울토마토는 반
으로 잘라준다.

4

접시에 숙성시킨 관자를 담고, 오
렌지, 방울토마토를 보기 좋게 올
려주면 완성!

하와이식 한 그릇 샐러드

(04)

아보카도
연어 포케

하와이의 해산물 샐러드인 포케는 재료를 한데 모아 담으면 되
는 간단한 요리여서 누구나 손쉽게 만들어 즐길 수 있어요. 궁합
이 좋기로 유명한 아보카도와 연어에 간장과 참기름으로 만든
소스를 넣어 고소함과 풍미를 살렸어요.

Ingredients

 생연어
(80g)

 아보카도 1/2개
(70g)

 토마토 1/2개
(70g)

 새싹채소
(20g)

 마른 김

 와사비

+ 소스

 쯔유(간장) 1스푼

 참기름 1스푼

 맛술 1/2스푼

 다진 마늘

 후추 약간

Recipe

1

연어는 큐브 모양으로 깍둑썰기
해준다.

2

소스에 연어를 버무린 뒤 냉장고
에서 30분 이상 재워준다.

3

아보카도는 씨를 제거하고 과육
만 분리한 다음, 토마토와 함께
한입 크기로 잘라준다.

4

그릇에 모든 재료를 담고, 새싹채
소, 마른 김, 와사비 약간을 취향
껏 올리면 완성!

Tip.

아보카도는 반으로 가른 뒤, 칼로 씨를 찍어
서 좌우로 돌리면 씨를 쉽게 분리할 수 있다.

일본식 무 샐러드

05

다이콘
샐러드

고소한 맛이 나는 독특한 무 샐러드. 간장 소스가 무의 아삭한
식감과 잘 어울려 고소하고 시원한 맛이 나요. 무의 재발견이라
고 할 수 있을 정도로, 무를 싫어하는 사람들도 부담 없이 즐길
수 있어요.

Ingredients

무
(70g)

토마토 1/4개
(30g)

새싹채소
(5g)

무순
(5g)

+ 소스

레몬즙 1.5스푼

간장 2스푼

식초 1스푼

설탕 1스푼

통깨 약간

Recipe

1

얇게 채 썬 무를 찬물에 10분 이상 담가 아린 맛을 없앤 다음, 물기를 빼준다.

2

토마토를 한입 크기로 잘라준다.

3

볼에 무채, 무순, 소스를 넣고 버무려준다.

4

그릇에 소스에 버무린 무채, 토마토, 새싹채소를 올려주면 완성!

PART 5

가볍지만 폼나는
저탄수화물 파티 요리

탄수화물이 없어도 홈파티를 맛있게 즐길 수 있는 방법. 식이조절을 하지 않는 사람들도 맛있고 배부르게 즐길 수 있는 든든한 홈파티 레시피들을 준비했어요. 특별한 날, 맛은 물론 비주얼에 건강까지 챙긴 특별한 요리들! 다양한 저탄수화물 파티 요리를 활용해 눈과 입이 즐거운 홈파티를 즐겨보세요.

달걀의 부드러운 변신

달걀
카나페

01

삶은 달걀 모양을 그대로 살린 귀여운 핑거푸드. 맛과 영양이 풍부하고 칼로리가 낮은 완전식품인 달걀이 통째로 들어가요. 마요네즈와 허니머스타드를 넣어 노른자의 퍽퍽한 식감을 부드럽게 만들어주고, 할라피뇨를 올려 매콤하게 포인트를 주었어요.

Ingredients

 달걀 3개

 양파 1/4개
(25g)

 할라피뇨
(10g)

 허니머스타드

마요네즈

Recipe

1

달걀은 완숙(끓는 물에 15분)으로
삶은 다음, 껍질을 벗겨준다.

2

삶은 달걀은 반으로 잘라 흰자와
노른자를 분리한다.

3

양파, 할라피뇨를 잘게 다져준다.

4

볼에 달걀노른자, 다진 양파, 마
요네즈 1큰술, 허니머스타드 1큰
술을 넣고 버무려준다.

5

달걀흰자의 파인 부분에 버무린
달걀노른자를 넣어준다.

6

완성! 다진 할라피뇨를 취향껏 곁
들여 먹는다.

두부로 만드는 기본 카나페

두부칩
카나페

두부칩에 다양한 재료를 올려 만든 예쁜 기본 카나페. 포두부를
에어프라이어에 구워 만든 두부칩은 카나페가 아니더라도 평소
간식으로 즐길 수 있어서 좋아요. 올리브유를 많이 뿌리면 느끼
해질 수 있으니, 살짝만 뿌려주세요.

Ingredients

 포두부

 훈제 연어

 오렌지 1개

 방울토마토

 슬라이스 치즈 1장

 크림치즈

올리브유

Recipe

1

포두부를 한입 크기로 잘라 올리 브유를 가볍게 뿌리고, 에어프라 이어에 넣고 180도에서 앞뒤로 5분씩 구워준다.

2

방울토마토는 반으로 가르고, 슬 라이스 치즈, 오렌지는 두부칩보 다 작은 크기로 잘라준다.

3

훈제 연어를 돌돌 말아 잘라 꽃 모양으로 만들어준다.

4

두부칩 위에 크림치즈를 바르고 재료들을 취향껏 올려주면 완성!

알록달록 베트남 요리

(03)

포두부
월남쌈

탄수화물이 가득한 라이스페이퍼 대신 포두부를 이용해 건강하
게 즐길 수 있는 다이어트 요리. 포두부의 담백한 맛이 어느 재
료와도 잘 어울리고 색색의 재료를 넣어 예쁘게 만들 수 있어요.
다양한 재료를 이용해 만들어보세요

Ingredients

 포두부

 훈제 오리
(100g)

 게맛살

 파프리카 1/4개
(25g)

 당근
(20g)

 어린잎 채소
(50g)

+ 땅콩소스

 땅콩버터 4스푼

 허니머스타드 4스푼

 레몬즙 2스푼

Recipe

1

포두부는 끓는 물에 살짝 데친 다음 물기를 빼준다.

2

훈제 오리는 팬에 바싹 굽거나 에어프라이어에서 180도로 15분 동안 돌린 다음 기름을 빼준다.

3

포두부의 길이에 맞춰 파프리카, 당근은 채 썰고 게맛살은 반으로 갈라준다.

4

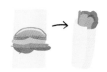

포두부에 훈제 오리, 파프리카, 당근, 맛살, 어린잎 채소를 올려 돌돌 말아준다.

5

완성! 땅콩소스에 찍어 먹는다.

04

건두부
가지 라자냐

간단하게 만들었지만 폼나는 요리 건두부 가지 라자냐. 라자냐
면 대신 건두부를 이용해서 시판용 토마토소스로 간단하게 만들
었어요. 다양한 재료를 넣어 풍부한 맛을 즐길 수 있어요.

Ingredients

 포두부

 가지 1개
(150g)

 소고기 다짐육
(100g)

 양송이버섯 2개

 양파
(40g)

 토마토소스
(150g)

 모차렐라 치즈
(40g)

 다진 마늘

 후추

Recipe

1

가지는 얇게 슬라이스한 다음, 마른 팬에 구워 수분을 제거해준다.

2

포두부는 가지와 비슷한 크기로 자른 다음, 끓는 물에 살짝 데쳐 물기를 빼준다.

3

양파는 잘게 다지고 양송이버섯은 얇게 슬라이스해준다.

4

달군 팬에 소고기, 양파, 다진 마늘 1스푼, 후추 약간을 넣고 볶다가 토마토소스를 넣고 자작해질 때까지 졸여준다.

5

내열용기에 포두부-소스-가지-양송이버섯-포두부를 반복해서 쌓고 마지막에 모차렐라 치즈를 뿌려준다.

6

에어프라이어에서 180도로 10분 구워주면 완성!

비주얼과 맛을 동시에!

파프리카
피자

밀가루 도우 대신 파프리카를 사용해 단맛이 일품인 파프리카
피자. 만들기도 쉽고 파프리카를 그대로 구워 비주얼이 매우 훌
륭해 홈파티 요리로 추천해요.

Ingredients

 파프리카 1개

 베이컨 2줄

 양송이버섯 1개
(20g)

 양파
(30g)

 토마토소스
(100g)

 모차렐라 치즈
(25g)

Recipe

1

파프리카는 반으로 갈라 씨를 제
거한다.

2

베이컨, 양송이버섯, 양파를 잘게
다져준다.

3

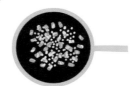

달군 팬에 식용유를 두르고 베이
컨, 양송이버섯, 양파를 볶아준다.

4

양파가 반쯤 익어 투명해지면 토
마토소스를 넣고 볶아준다.

5

파프리카 안에 4번의 토마토소스
를 넣고 모차렐라 치즈를 솔솔 뿌
려준다.

6

에어프라이어에서 180도로 15분,
또는 전자레인지에서 치즈가 녹
을 때까지 1~2분 돌려주면 완성!

가지의 색다른 변신

가지
보트 피자

담백한 구운 가지에 달콤한 불고기를 올린 매력적인 보트 모양
의 피자. 반으로 갈라 보트 모양으로 구운 가지 피자가 눈도 입
도 즐겁게 해줘요. 가지의 물컹한 식감을 싫어하는 사람들도 맛
있게 즐길 수 있어요.

Ingredients

 가지 1개
(150g)

 소고기 불고기용
(50g)

 양송이버섯 1/2개
(10g)

 양파 1/4개
(25g)

 토마토소스
(40g)

 모차렐라 치즈
(20g)

+ 간장 양념

 간장 4스푼

 올리고당 1스푼

 참기름 1스푼

 다진 마늘 1스푼

 설탕 1스푼

 후추 약간

Recipe

1

소고기는 간장 양념에 30분 이상
재운 다음, 팬에 구워준다.

2

가지는 길게 반으로 자른 다음,
숟가락으로 속을 파내고 전자레
인지에 1분 30초 동안 돌려 수분
을 제거한다.

3

가지 속, 양송이버섯, 양파를 잘
게 다져준다.

4

달군 팬에 다진 가지 속, 양송이
버섯, 양파, 토마토소스를 넣고
볶아준다.

5

속을 파낸 가지에 볶은 토마토소
스와 불고기를 올리고 모차렐라
치즈를 솔솔 뿌려준다.

6

에어프라이어에서 180도로 10분,
또는 전자레인지에서 치즈가 녹
을 때까지 1~2분 돌려주면 완성!

알록달록 프랑스 가정식

07

두부
라따뚜이

영화 〈라따뚜이〉 속 바로 그 프랑스 가정식 '라따뚜이!' 알록달록 색색의 재료들이 눈을 즐겁게 해주는 요리예요. 채소가 듬뿍 들어가 식이조절 중에도 부담스럽지 않게 즐길 수 있고 매우 간단하게 만들 수 있어요.

Ingredients

 두부 반 모
(150g)

 가지 1/2개
(70g)

 토마토 1개
(150g)

 애호박 1/2개
(120g)

 토마토소스

 파마산 치즈 가루

Recipe

1

두부, 가지, 토마토, 애호박을 비
슷한 크기로 슬라이스해준다.

2

달군 팬에 식용유를 두르고 두부
를 앞뒤로 노릇노릇 구워준다.

3

그릇에 토마토소스를 듬뿍 깔고
두부, 가지, 토마토, 애호박을 번
갈아가며 올려준다.

4

에어프라이어에서 170도로 20분
동안 구운 다음, 파마산 치즈 가루
를 뿌려주면 완성!

베이징 정통 요리

08

경장육슬

포두부에 다양한 재료를 올려 먹는 베이징 전통 요리인 경장육슬. 포두부와 춘장만 있으면 집에서도 간단하게 만들어 먹을 수 있어요. 고소한 포두부에 다양한 재료를 올려 취향껏 맛있게 즐기세요.

Ingredients

 포두부

 돼지고기 다짐육
(160g)

 당근
(50g)

 오이
(50g)

 대파 1/2개
(50g)

 춘장

 다진 마늘

 후추

 올리브유

Recipe

1

포두부는 끓는 물에 살짝 데친 다음 물기를 빼준다.

2

달군 팬에 올리브유를 두르고 춘장 3스푼을 넣어 튀기듯이 볶은 다음, 그릇에 덜어 둔다.

3

다진 돼지고기에 다진 마늘 1스푼, 후추 약간을 넣어 밑간을 해준다.

4

달군 팬에 밑간한 돼지고기를 볶다가 반쯤 익으면 볶은 춘장을 넣고 센 불에서 빠르게 익혀준다.

5

대파, 당근, 오이를 가늘게 채 썰어준다.

6

완성! 그릇에 볶은 고기와 모든 재료를 올린 다음, 취향에 맞게 포두부에 싸 먹는다.

PART 6

브런치를 부탁해

간단한 브런치로 그날의 기분까지 좋아지는 레시피. 아침을 꼭
먹어야 하루가 든든한 사람들을 위해 준비한 초간단 수프는 물
론, 여유로운 하루를 보내는 사람들에게 알맞은 든든한 브런치
요리까지 준비했어요. 탄수화물 가득한 빵과 케이크 대신 맛있
는 저탄수화물 브런치로 하루를 편안하게 시작하세요.

스페인식 차가운 토마토 수프

가르파초

가르파초는 토마토와 다양한 재료들을 함께 갈아 차갑게 즐기는 스페인의 대표적인 채소 수프예요. 재료를 넣고 갈기만 하면 되는 초간단 음식이어서 미리 만들어 냉장고에 넣어 놓고 바쁜 아침 간단하게 먹기 좋아요. 더운 날, 뜨거운 수프 대신 건강하고 이국적인 차가운 맛을 즐겨보세요.

Ingredients

 토마토 3개
(420g)

 파프리카 1/2개
(50g)

 오이
(40g)

 양파 1/4개
(25g)

 마늘 1알

 레몬즙

 소금

 후추

 올리브유

Recipe

1

토마토의 꼭지 부분에 십자 모양
으로 칼집을 내준다.

2

끓는 물에 토마토를 넣고 살짝 데
쳐준다.

3

토마토의 껍질을 벗겨준다.

4

토마토, 파프리카, 오이, 양파는
듬성듬성 잘라준다.

5

믹서기에 토마토, 파프리카, 오이,
양파, 마늘, 레몬즙 1스푼, 올리브
유 1스푼, 소금, 후추 약간을 넣고
갈아준다.

6

완성! 냉장고에 보관해 차갑게 먹
거나, 바로 먹을 때에는 얼음과
함께 갈아준다.

마음까지 따뜻해지는 브런치

02

브로콜리
크림수프

브런치로 먹기 좋은 속 편한 음식, 브로콜리 크림수프. 영양만점
에 피부 건강에도 좋은 브로콜리를 곱게 갈아준 다음 생크림을
넣어 부드러운 맛을 더했어요. 브로콜리 특유의 담백하고 고소
한 맛이 속을 든든하게 해줘요.

Ingredients

 브로콜리 1개
(300g)

 양파 1/2개
(50g)

 우유
(100ml)

 생크림
(200ml)

 버터

 다진 마늘

 파마산 치즈 가루

 소금

Recipe

1

양파는 얇게 채 썰어준다.

2

브로콜리는 두꺼운 줄기를 제거
하고 송이 부분만 자른 다음, 끓
는 물에 30초 동안 데쳐준다.

3

믹서기에 데친 브로콜리와 우유
를 넣고 갈아준다.

4

달군 팬에 버터 1스푼을 올려 녹
인 다음, 양파와 다진 마늘 1/2스
푼을 넣어 볶아준다.

5

양파가 투명해지면 3번의 브로콜
리 우유와 생크림을 넣고 중간 불
에서 저어가며 끓여준다.

6

수프가 끓기 시작하면 소금 약간
과 파마산 치즈 가루를 취향껏 넣
고 섞어주면 완성!

산뜻한 한국식 샐러드

03

참나물
버섯구이

고소한 한국식 샐러드 참나물 버섯구이. 참나물은 섬유질이 많
고 소화가 잘 돼 아침에 부담 없이 먹기에 좋아요. 참나물 특유
의 향긋한 향에 들기름의 풍미를 살려 조화롭고, 고소한 양념장
을 더해 한국인의 입맛에 딱 맞는 산뜻한 맛을 즐길 수 있어요.

Ingredients

 참나물
(30g)

 느타리버섯
(70g)

 들기름

+ 소스

 간장 1스푼

 식초 1스푼

 참기름 1스푼

 고춧가루 1/2스푼

 설탕 1/2스푼

 통깨 약간

Recipe

1

느타리버섯은 밑동을 제거하고 결대로 찢어주고 참나물은 듬성 듬성 잘라준다.

2

달군 팬에 들기름을 두르고 느타 리버섯을 앞뒤로 노릇노릇 구워 준다.

3

그릇에 참나물과 구운 느타리버 섯을 담고 소스를 뿌려주면 완성!

영양만점 귀여운 핑거푸드

(04)

양송이버섯
달걀찜

한입에 먹을 수 있는 귀여운 핑거푸드 양송이버섯 달걀찜. 양송이버섯의 고소한 맛이 달걀과 만나 촉촉하고 부드러워요. 완전식품인 달걀과 건강에 좋은 버섯으로 맛과 영양을 모두 잡은 건강한 요리예요.

Ingredients

 양송이버섯 5개
(100g)

 당근
(10g)

 부추 한 줄기

 달걀 1개

 소금

Recipe

1

양송이버섯의 밑동을 따고 숟가락을 이용해 안쪽을 파낸다.

2

부추와 당근을 잘게 다져준다.

3

달걀을 곱게 풀고 다진 당근, 부추, 소금 약간을 넣고 섞어준다.

4

양송이버섯의 안쪽에 3번의 달걀 채소 물을 채워준다.

5

찜기에 양송이버섯을 올리고 10분간 쪄주면 완성!

부드러운 이탈리아 오믈렛

순두부
시금치 프리타타

서양식 달걀찜이라고도 불리는 프리타타. 시금치와 토마토를 넣은 이탈리아식 오믈렛에 순두부를 듬뿍 넣어 부드러운 식감을 살렸어요. 만들기도 쉽고 비주얼이 매우 훌륭해 브런치로도 좋고, 특별한 날 먹기에도 좋은 요리예요.

Ingredients

 순두부
(200g)

 시금치
(20g)

 방울토마토 3알

 양송이버섯 1개
(20g)

 양파 1/4개
(25g)

 베이컨 1줄

 달걀 3개

 우유

 소금

 후추

Recipe

1

순두부와 베이컨은 한입 크기로 잘라준다. 방울토마토, 양송이버섯, 양파는 얇게 슬라이스해준다.

2

달걀을 곱게 풀고 우유 3스푼, 소금, 후추 약간을 넣고 섞어준다.

3

내열용기에 2번의 달걀물, 순두부, 토마토, 버섯, 양파, 베이컨을 담고 시금치를 듬성듬성 잘라 넣어준다.

4

에어프라이어에서 140도로 25분 동안 구워주면 완성!

PART 7

안심하고 먹어요,
저탄수화물 간식

밥보다 빵을 사랑하는 빵순이들과 간식 러버들을 위한 밀가루가 없어도 만들 수 있는 맛있는 간식 레시피. 과자 대신 먹을 수 있는 간식은 물론, 요리 초보도 할 수 있는 초간단 베이킹에 후식까지 종류별로 준비했어요. 입이 심심할 때, 달콤한 후식이 당길 때, 바빠서 식사를 제대로 챙길 수 없을 때 좋은 요리들이에요. 밀가루와 설탕이 들어가지 않아 건강에도 좋고 맛있기까지! 탄수화물이 없어도 맛있고 즐거운 간식타임을 즐겨보세요.

올라~ 멕시코

01

두부칩
과카몰리

으깬 아보카도에 토마토, 레몬 등을 넣어 만든 멕시코의 대표적인 소스 과카몰리. 만드는 방법이 매우 간단해 재료만 있다면 언제든지 즉석에서 만들 수 있어요. 이왕이면 잘 익은 아보카도를 사용해야 만들기도 쉽고 맛도 좋아요.

Ingredients

 포두부

 아보카도 1개
(200g)

 토마토 1/2개
(70g)

 양파 1/4개
(25g)

 레몬즙

 소금

 허브솔트

 올리브유

Recipe

1

토마토, 양파를 잘게 다져준다.

2

아보카도는 씨를 제거하고 과육만 분리해 그릇에 담아 포크로 으깨준다.

3

으깬 아보카도에 다진 토마토, 양파, 레몬즙 3스푼, 소금 약간을 넣고 섞어 과카몰리를 만들어준다.

4

포두부를 한입 크기로 자르고, 올리브유와 허브솔트를 가볍게 뿌려준다.

5

에어프라이어에서 160도로 앞뒤로 5분씩 구워주면 완성! 두부칩에 과카몰리를 곁들여 먹는다.

Tip.

아보카도는 반으로 가른 뒤, 칼로 씨를 찍어서 좌우로 돌리면 씨를 쉽게 분리할 수 있다.

든든한 간식

02

닭가슴살
핫바

생선살 대신 닭가슴살을 이용하고, 튀기는 대신 구워서 만든 닭
가슴살 핫바. 야채를 다져 넣어 식감을 살리고 두부와 닭가슴살
을 넣어 포만감을 높였어요. 밀가루를 넣지 않아도 달걀을 넣어
재료가 잘 달라붙어요.

Ingredients

 닭가슴살
(100g)

 두부 반 모
(150g)

 당근
(30g)

 대파 1/4개
(25g)

 청양고추
1/2개

 달걀

 간장

 맛술

 케첩

 다진 마늘

 소금

 후추

Recipe

1

닭가슴살, 당근, 대파, 청양고추
를 잘게 다져준다.

2

두부는 면포를 이용해 물기를 제
거하고 칼로 으깨준다.

3

볼에 으깬 두부, 닭가슴살, 당근,
대파, 청양고추, 달걀 1개를 넣고
섞어준다.

4

3번의 반죽에 맛술 2스푼, 간장
1스푼, 다진 마늘 1스푼, 약간의
소금과 후추를 넣고 반죽해준다.

5

핫바 모양으로 동그랗게 만들어
준 다음, 에어프라이어에서 180
도로 10분간 구워준 후 뒤집어서
5분 더 구워준다.

6

나무 꼬지에 꽂아주면 완성! 케첩
과 곁들여 먹는다.

단짠의 정석!

두부
떡갈비 꼬치

포만감이 높은 두부 떡갈비. 참기름이 들어간 간장소스를 발라
고소하고 달콤하게 즐길 수 있어요. 달콤한 양념의 든든한 한식
요리가 먹고 싶을 때 추천해요. 많이 만들어 냉동해 놓고 하나씩
꺼내 해동해서 먹어도 좋아요.

Ingredients

두부 반 모
(150g)

소고기 다짐육
(170g)

간장

올리고당

참기름

다진 마늘

설탕

후추

+ 소스

간장 2스푼

올리고당 1스푼

참기름 2스푼

Recipe

1

두부는 면포를 이용해 물기를 제거하고 칼로 으깨준다.

2

볼에 으깬 두부, 소고기 다짐육, 다진 마늘 1스푼, 참기름 2스푼, 설탕 1스푼, 후추 약간을 넣고 섞어준다.

3

찰기가 생길 때까지 반죽한 다음, 먹기 좋은 크기로 동글동글하게 모양을 잡아준다.

4

달군 팬에 식용유를 두르고, 약한 불에서 뚜껑을 닫고 구워준다.

5

떡갈비가 거의 다 익으면, 소스를 앞뒤로 발라가며 노릇노릇 구워준다.

6

떡갈비를 나무 꼬지에 꽂아주면 완성!

겨울 대표 간식

04

빵 없는
베이컨 달걀빵

겨울이면 생각나는 달걀빵, 에어프라이어와 종이컵만 있으면 밀
가루 없이도 간단하게 만들 수 있는 요리예요. 짭짤한 베이컨과
달걀이 조화를 이뤄 별다른 간을 하지 않아도 맛있고 든든합니
다. 색다른 간식이나 브런치 메뉴로 추천해요.

Ingredients

 베이컨 1줄

 달걀 1개

 모차렐라 치즈

 버터

Recipe

1

버터를 전자레인지에 30초간 돌려 녹인 다음, 머핀 틀 또는 종이컵의 안쪽 부분에 발라준다.

2

머핀 틀 또는 종이컵의 가장자리에 베이컨을 동그랗게 둘러준다.

3

달걀을 깨트려 넣고 포크나 이쑤시개를 이용해 노른자에 구멍을 내준다(구멍을 내지 않으면 노른자가 폭발할 수 있어요).

4

모차렐라 치즈를 취향껏 뿌려준다.

5

에어프라이어에서 160도로 15분 또는 오븐에서 180도로 25분 구워주면 완성!

NO 밀가루 베이킹

식빵

밥은 포기해도 빵은 포기하지 못하는 빵순이들에게 추천하는 밀가루 대신 아몬드 가루를 이용해 만든 식빵! 밀가루가 들어가지 않아 약간 거칠지만 충분히 매력적이고 맛있는 빵을 즐길 수 있어요.

Ingredients

 달걀 2개

 아몬드 가루
(100g)

 코코넛 가루
(30g)

 차전자피 가루

 베이킹파우더
(5g)

 소금

Recipe

1

아몬드 가루, 코코넛 가루, 차전자피 가루 2스푼, 베이킹파우더에 소금 약간을 넣고 잘 섞은 다음, 체에 걸러준다.

2

1번의 가루에 달걀 2개를 넣고, 뜨거운 물 150ml를 나눠가며 넣고 반죽한다.

3

식빵 틀에 반죽을 넣고 예열한 에어프라이어에서 180도로 30분 또는 오븐에서 175도로 50분 동안 구워준다.

4

완성! 먹기 좋은 크기로 잘라먹는다.

NO 밀가루 디저트

당근
케이크

베이킹 초보도 가능한 홈메이드 당근 케이크. 당근을 원하는 만
큼 듬뿍 넣어 단맛을 높이고 크림치즈로 프로스팅해 밀가루로
만든 당근 케이크보다 훨씬 맛있고 달콤한 맛을 건강하게 즐길
수 있어요.

Ingredients

 당근
(100g)

 달걀 2개

 아몬드 가루
(100g)

 베이킹파우더
(5g)

 시나몬 가루

 올리브유
(60g)

 소금

+ 크림치즈 프로스팅

 크림치즈
(100g)

 에리스리톨 3스푼

 레몬즙 약간

Recipe

1

당근은 잘게 다져준다.

2

아몬드 가루, 시나몬 가루 1/2스푼, 베이킹파우더에 소금 약간을 넣고 잘 섞은 다음, 체에 걸러준다.

3

2번의 가루에 달걀 2개와 에리스리톨 3스푼을 섞은 다음, 올리브유를 나눠가며 넣고 반죽한다.

4

3번의 반죽에 다진 당근을 섞어준다.

5

유산지를 넣은 오븐 틀에 반죽을 넣고 에어프라이어에서 180도로 30분 또는 오븐에서 180도로 40~50분 구워준다.

6

먹기 좋은 크기로 잘라 크림치즈 프로스팅을 발라주면 완성!

홈메이드 아이스크림

07

무설탕
아이스크림

누구나 만들 수 있는 초간단 아이스크림. 설탕 대신 천연감미료
인 에리스리톨과 달걀노른자를 이용하면 집에서도 손쉽게 건강
하고 맛있는 아이스크림을 만들 수 있어요. 과일이나 토핑을 추
가해 다양한 맛을 즐겨보세요.

Ingredients

 생크림
(500ml)

 달걀 3개

 에리스리톨

 바닐라 엑스트랙트

 소금

Recipe

1

생크림을 중불에서 끓여준다.

2

생크림이 끓기 시작하면, 에리스
리톨 2스푼, 바닐라 엑스트랙트
1스푼을 넣고 약불에서 저어가며
끓인 다음 한소끔 식혀준다.

3

달걀의 흰자와 노른자를 분리한
다음, 노른자와 소금 약간을 넣고
잘 섞어준다.

4

아이스크림 틀에 넣고 냉동실에
서 얼려주면 완성!

탄수화물이 없어도 맛있어

초판 1쇄 발행 2021년 6월 30일

지은이 김미주
사진 민천원
펴낸이 이지은
펴낸곳 팜파스
진행 이진아
편집 정은아
디자인 타입타이포
마케팅 김민경, 김서희
인쇄 케이피알커뮤니케이션

출판등록 2002년 12월 30일 제10-2536호
주소 서울시 마포구 어울마당로5길 18 팜파스빌딩 2층
대표전화 02-335-3681　　　　**팩스** 02-335-3743
홈페이지 www.pampasbook.com ｜ blog.naver.com/pampasbook
인스타그램 www.instagram.com/pampasbook
이메일 pampas@pampasbook.com

값 15,000원
ISBN 979-11-7026-413-2 (13590)